안 쌤의 사고력 수학 퍼즐 초등

쌍둥이나무 퍼즐

Contents

안쌤의 사고력 수학 퍼즐 **쌓기나무 퍼즐**

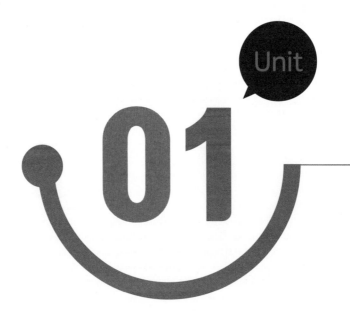

Unit

01

쌓기나무 쌓기

| 도형 |

쌓기나무를 **다양한 모양**으로 쌓아 봐요!

쌓기나무 쌓기 | 도형 |

쌓기나무 3개를 2층으로 쌓은 모양을 설명해 보세요.

가

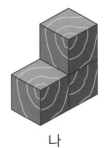

나

◉ '가'는 1층에 쌓기나무 ☐ 개가 옆으로 나란히 있고, 왼쪽

쌓기나무 위에 쌓기나무 ☐ 개가 더 있습니다.

◉ '나'는 앞에 쌓기나무 ☐ 개가 있고, 그 뒤에 쌓기나무

☐ 개가 ☐ 층짜리 모양으로 놓여 있습니다.

(?) '가'와 '나'의 같은 점과 다른 점을 설명해 보세요.

주어진 모양과 똑같이 쌓는 데 필요한 쌓기나무의 개수를 빈칸에 써넣어
보세요.

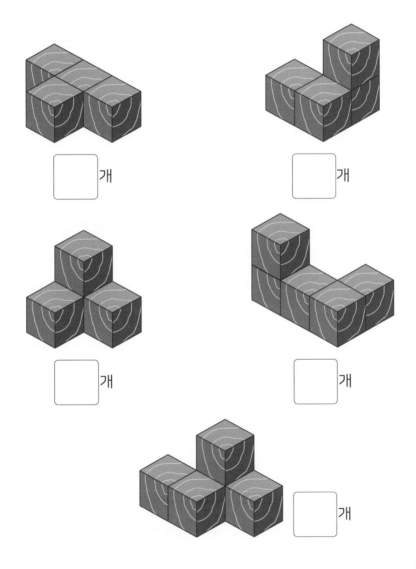

개

개

개

개

개

정답 ▶ 86쪽

설명에 맞게 쌓기 | 도형 |

설명에 맞게 쌓기나무로 쌓은 모양을 찾아 ○표 해 보세요.

설명	① 쌓기나무 3개를 옆으로 나란히 놓습니다.
	② 맨 왼쪽 쌓기나무 앞에 쌓기나무 1개를 놓습니다.
	③ 가운데 쌓기나무 위에 쌓기나무 1개를 놓습니다.

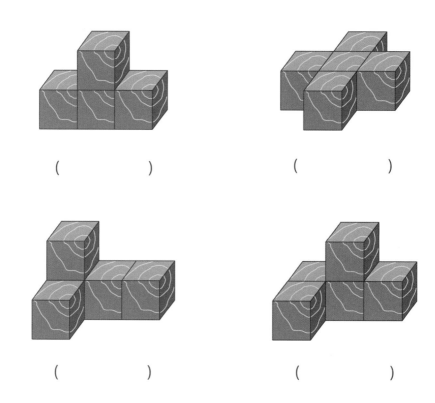

(   )   (   )

(   )   (   )

설명	① 쌓기나무 2개를 옆으로 나란히 놓습니다.
	② 오른쪽 쌓기나무 뒤에 쌓기나무 2개를 2층짜리 모양으로 놓습니다.
	③ ②에서 놓은 쌓기나무 뒤에 쌓기나무 1개를 놓습니다.

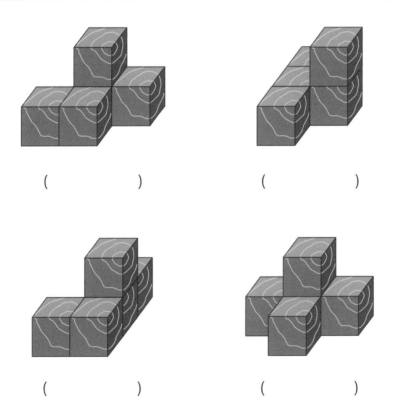

(   )   (   )

(   )   (   )

정답 ▶ 86쪽

같은 모양, 다른 모양 | 도형 |

오른쪽 모양들은 왼쪽 모양을 뒤집거나 돌렸을 때의 모양입니다. 하늘색
부분을 찾아 색칠해 보세요.

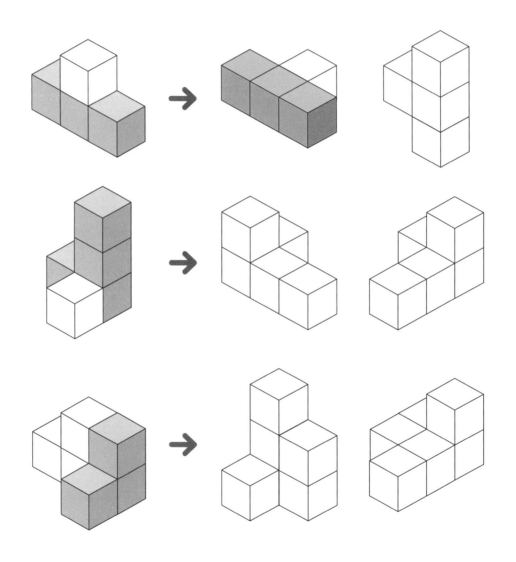

주어진 개수의 쌓기나무를 사용하여 모양을 쌓았습니다. 이 중에서 서로 다른 모양 한 가지를 찾아 ○표 해 보세요.

◉ 쌓기나무 4개로 쌓은 모양

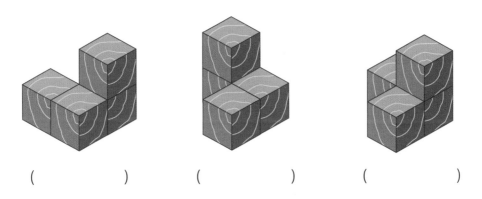

(   )   (   )   (   )

◉ 쌓기나무 5개로 쌓은 모양

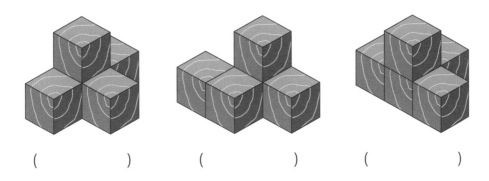

(   )   (   )   (   )

정답 ≫ 87쪽

같은 모양 만들기 | 도형 |

왼쪽 모양을 보고 오른쪽 모양과 같이 쌓았습니다. 잘못된 점을 찾아 그 이유를 설명해 보세요.

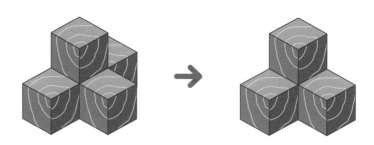

왼쪽 모양에서 쌓기나무 1개를 옮겨 오른쪽 모양을 만들려고 합니다. 옮겨야 할 쌓기나무를 찾고, 방법을 설명해 보세요.

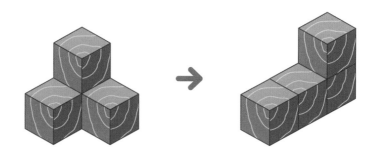

벽에 붙여 쌓은 왼쪽 모양에서 쌓기나무 2개를 옮겨 오른쪽 모양을 만들었습니다. 물음에 답하세요. (단, 쌓기나무는 벽 너머로 쌓을 수 없습니다.)

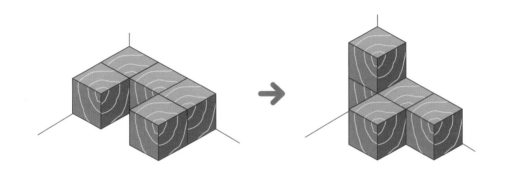

◉ 옮겨야 할 쌓기나무 2개를 찾고, 방법을 설명해 보세요.

◉ 위의 왼쪽 모양에서 쌓기나무 2개를 옮겨 만들 수 있는 모양을 찾아 ○표 해 보세요.

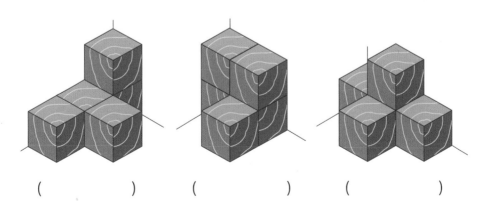

(   )   (   )   (   )

정답 ▶ 87쪽

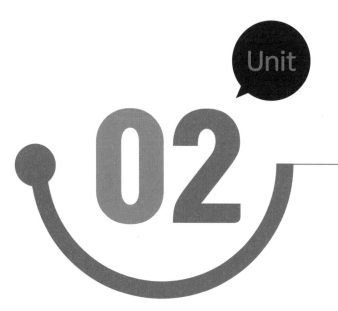

쌓기나무의 개수

| 수와 연산 |

쌓은 모양을 보고 **쌓기나무의 개수**를 세어 봐요!

개수를 세는 방법 | 수와 연산 |

쌓기나무의 개수를 층별로 각각 세어 보고, 전체 쌓기나무의 개수를 구해 보세요.

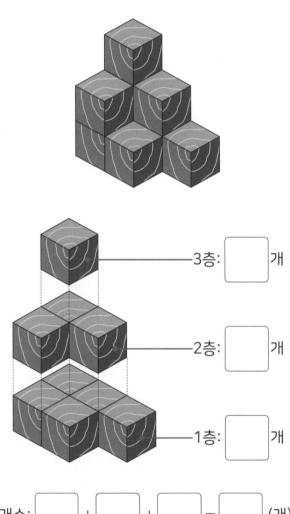

3층: ☐ 개

2층: ☐ 개

1층: ☐ 개

◉ 쌓기나무의 개수: ☐ + ☐ + ☐ = ☐ (개)

쌓기나무의 개수를 줄별로 각각 세어 보고, 전체 쌓기나무의 개수를
구해 보세요.

정답 ≫ 88쪽

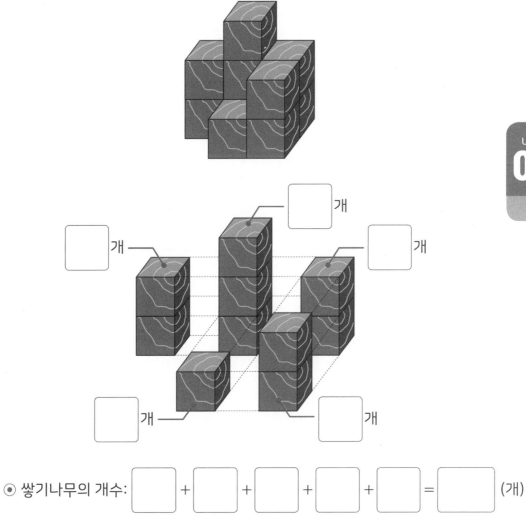

⊙ 쌓기나무의 개수: ☐ + ☐ + ☐ + ☐ + ☐ = ☐ (개)

02 층별로 세기 | 수와 연산 |

벽에 붙여 쌓은 쌓기나무의 개수를 층별로 각각 세어 보고, 전체 쌓기나무의 개수를 구해 보세요.

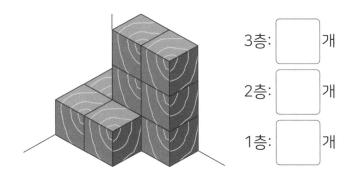

3층: ☐ 개

2층: ☐ 개

1층: ☐ 개

◉ 쌓기나무의 개수:

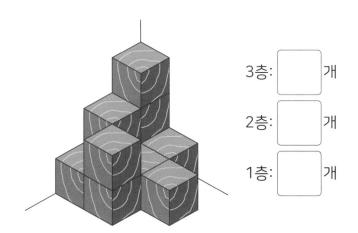

3층: ☐ 개

2층: ☐ 개

1층: ☐ 개

◉ 쌓기나무의 개수:

쌓기나무 10개를 벽에 붙여 쌓으려고 합니다. 2층과 3층에 쌓은 모양을 보고 1층 모양으로 알맞은 것에 ○표 해 보세요.

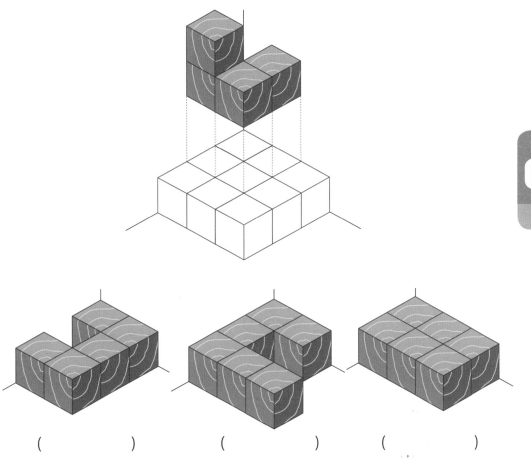

(   )   (   )   (   )

정답 ≫ 88쪽

줄별로 세기 | 수와 연산 |

쌓기나무로 쌓은 모양을 보고 위에서 본 모양에 수를 쓰는 방법으로 쌓기나무의 개수를 세어 보려고 합니다. 물음에 답하세요.

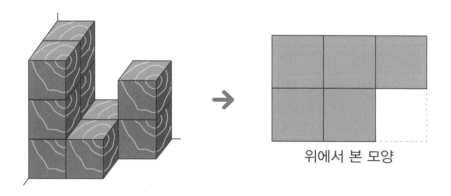

위에서 본 모양

◉ 각 줄에 있는 쌓기나무의 개수를 위에서 본 모양에 써넣어 보세요.

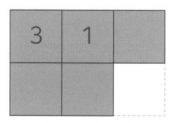

위에서 본 모양

◉ 전체 쌓기나무의 개수를 구해 보세요.

안쌤 Tip

쌓기나무로 쌓은 모양을 위에서 본
모양은 1층에 쌓은 모양과 같아요.

쌓기나무로 쌓은 모양을 보고 위에서 본 모양에 수를 쓰는 방법으로
전체 쌓기나무의 개수를 구해 보세요.

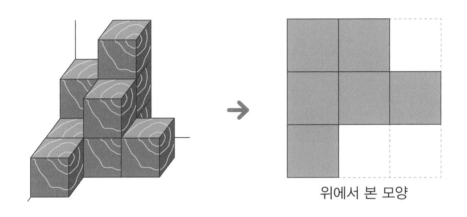

위에서 본 모양

◉ 쌓기나무의 개수:

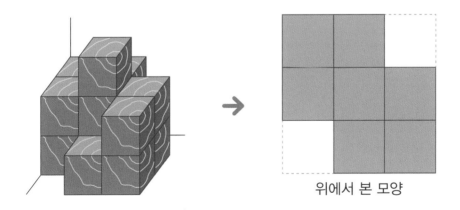

위에서 본 모양

◉ 쌓기나무의 개수:

04 보이지 않는 개수 | 수와 연산 |

쌓기나무를 벽에 붙여 쌓았습니다. 보이지 않는 쌓기나무의 개수를 구해 보세요.

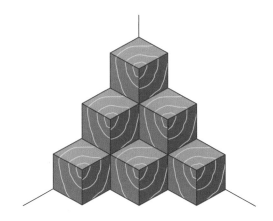

- ⊙ 전체 쌓기나무의 개수에서 보이는 쌓기나무의 개수를
  (더하 , 빼)면 보이지 않는 쌓기나무의 개수를 구할 수 있습니다.

- ⊙ 전체 쌓기나무의 개수: ☐ 개

- ⊙ 보이는 쌓기나무의 개수: ☐ 개

- ⊙ 보이지 않는 쌓기나무의 개수: ☐ − ☐ = ☐ (개)

쌓기나무를 벽에 붙여 쌓았습니다. 보이지 않는 쌓기나무의 개수를 구해 보세요.

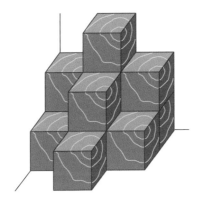

Unit
02

쌓기나무를 벽에 붙여 쌓았습니다. 보이는 쌓기나무의 개수와 보이지 않는 쌓기나무의 개수의 차를 구해 보세요.

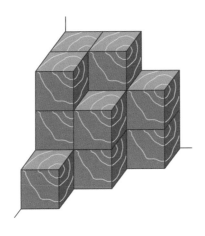

정답 » 89쪽

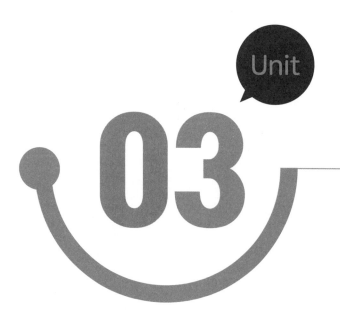

Unit 03

직육면체와 정육면체

| 도 형 |

직육면체와 정육면체에 대해 알아봐요!

직육면체와 정육면체 | 도형 |

직사각형 6개로 둘러싸인 도형을 보고, 빈칸에 알맞은 말을 써넣어 보세요.

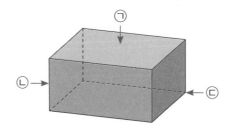

- 선분으로 둘러싸인 부분(㉠)을 [   ](이)라고 합니다.

- 면과 면이 만나는 선분(㉡)을 [   ](이)라고 합니다.

- 모서리와 모서리가 만나는 부분(㉢)을 [   ](이)라고 합니다.

- 위와 같이 직사각형 6개로 둘러싸인 도형을 [   ] (이)라고 합니다.

크기가 같은 정사각형 6개로 둘러싸인 도형을 보고, 빈칸에 알맞은 말을 써넣어 보세요.

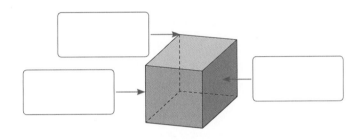

- 위 도형의 면은 ☐ 개입니다.

- 위 도형의 모서리는 ☐ 개입니다.

- 위 도형의 꼭짓점은 ☐ 개입니다.

- 위와 같이 크기가 같은 정사각형 6개로 둘러싸인 도형을

  ☐ (이)라고 합니다.

? 생활 주변에서 직육면체 모양과 정육면체 모양을 각각 찾아보세요.

정답 ▶ 90쪽

쌓기나무의 개수 ① | 도형 |

쌓기나무를 직육면체와 정육면체 모양으로 쌓았습니다. 곱셈을 이용하여 전체 쌓기나무의 개수를 구해 보세요.

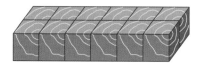

 _____

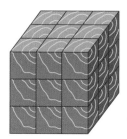

 _____

직육면체와 정육면체 모양을 이용하여 전체 쌓기나무의 개수를 구해
보세요.

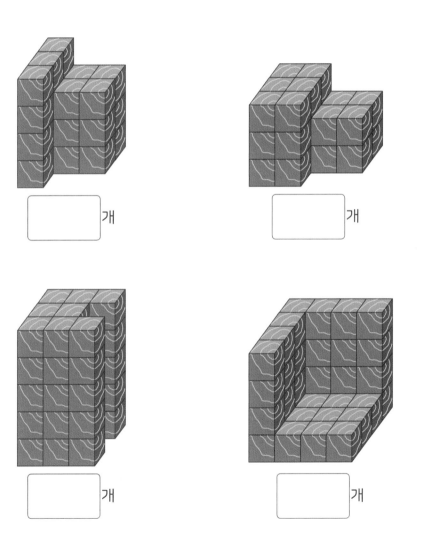

개

개

개

개

03 쌍기나무의 개수 ② | 도형 |

<보기>와 같이 쌓기나무로 쌓은 모양을 직육면체 모양이나 정육면체 모양으로 만들어서 전체 쌓기나무의 개수를 구해 보세요.

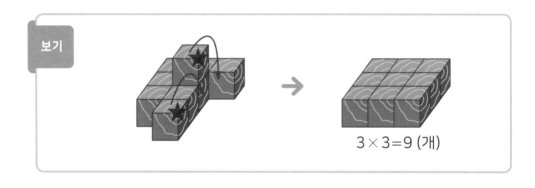

보기

3×3=9 (개)

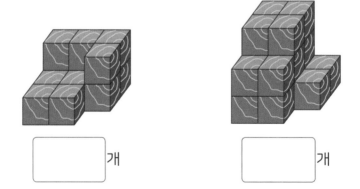

개

개

쌓은 모양에서 쌓기나무 몇 개를 옮겨 정육면체 모양으로 만들 수 있는
것을 찾아 ○표 해 보세요. 또, 전체 쌓기나무의 개수를 구해 보세요.

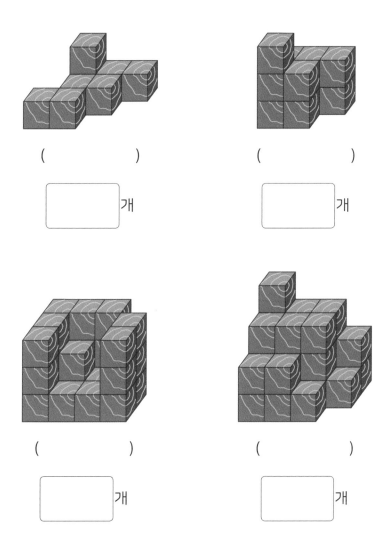

(   )

 개

(   )

 개

(   )

 개

(   )

 개

정답 ⟫ 91쪽

필요한 쌓기나무 | 도형 |

쌓기나무가 쌓여 있는 상자 안에 쌓기나무를 더 쌓아 빈틈없이 가득 채우려고 합니다. 이때 필요한 쌓기나무의 개수를 구해 보세요.

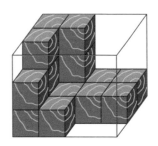

◉ 상자는 [   ] 모양입니다.

◉ 상자 안을 빈틈없이 채우는 데 필요한 쌓기나무는 총 [   ] 개

입니다.

◉ 상자 안에 쌓여 있는 쌓기나무는 [   ] 개입니다.

➔ 필요한 쌓기나무의 개수는

[   ] − [   ] = [   ] (개)입니다.

다음과 같은 쌓기나무로 쌓은 모양에서 쌓기나무를 더 쌓아 정육면체를 만들려고 합니다. 이때 필요한 쌓기나무의 개수가 가장 적은 경우 쌓기나무는 몇 개인지 구해 보세요.

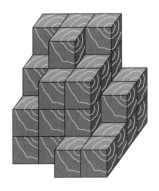

쌓기나무로 쌓은 모양을 보고 위에서 본 모양에 수를 썼습니다. 여기에 쌓기나무를 더 쌓아 직육면체를 만들려고 합니다. 이때 필요한 쌓기나무의 개수가 가장 적은 경우 쌓기나무는 몇 개인지 구해 보세요.

5	5			4
5	5	4	2	3
3			3	1

위에서 본 모양

정답 ≫ 91쪽

Unit

04

규칙 찾기

| 규칙성 |

쌓기나무를 **규칙**에 맞게 배열해요!

01 규칙 찾기 | 규칙성 |

쌓기나무가 배열된 규칙에 맞게 빈칸에 알맞은 기호를 써넣어 보세요.

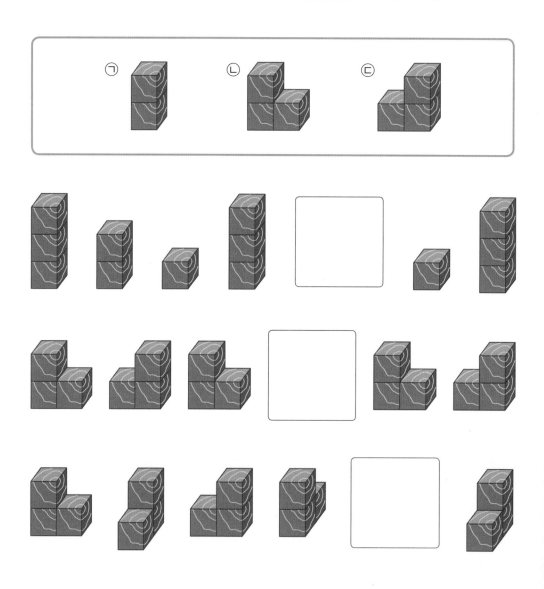

아래 모양을 보고 쌓기나무를 쌓은 규칙을 찾아 빈칸에 알맞은 것을 써넣어 보세요.

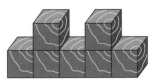

⊙ 규칙 1

→ 쌓기나무 1개로 ☐ 층짜리 모양과 2개로 ☐ 층짜리

모양이 반복되게 쌓았습니다.

⊙ 규칙 2

→ 1층에는 쌓기나무 ☐ 개를 왼쪽부터 오른쪽으로 이어

붙여 쌓았고, 2층에는 왼쪽에서 두 번째 칸부터 쌓기나무

☐ 개를 한 칸씩 건너뛰고 쌓았습니다.

정답 >> 92쪽

02 덧셈 규칙 | 규칙성 |

쌓기나무를 쌓은 규칙을 찾아 네 번째 모양을 쌓는 데 필요한 쌓기나무의 개수를 구해 보세요.

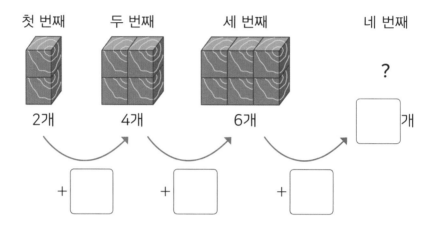

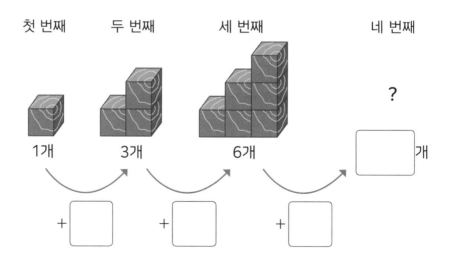

쌓기나무를 쌓은 규칙을 찾으려고 합니다. 물음에 답하세요.

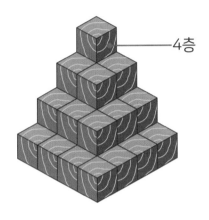

4층

⊙ 1층부터 4층까지 각 층에 쌓은 쌓기나무의 개수를 표의 빈칸에 써넣고, 감소한 수를 구해 보세요.

구분	1층	2층	3층	4층
쌓기나무의 개수(개)				

−☐   −☐   −☐

⊙ 위의 결과를 통해 알 수 있는 규칙을 설명해 보세요.

정답 ▶ 92쪽

03 곱셈 규칙 | 규칙성 |

일정한 규칙으로 쌓기나무를 쌓았습니다. 단계별 모양을 쌓는 데 필요한 쌓기나무의 개수를 각각 구하고, 규칙을 설명해 보세요.

첫 번째   두 번째   세 번째

...

◉ 개수

· 첫 번째: $2 \times 1 = 2$ (개)

· 두 번째: ☐ × ☐ = ☐ (개)

· 세 번째: ☐ × ☐ = ☐ (개)

⋮

◉ 규칙: 두 번째 단계부터 곱하는 두 수가 이전 단계보다 각각

☐ 씩 커집니다.

일정한 규칙으로 쌓기나무를 쌓았습니다. 규칙을 찾아 여섯 번째 모양을 쌓는 데 필요한 쌓기나무의 개수를 구해 보세요.

첫 번째   두 번째   세 번째

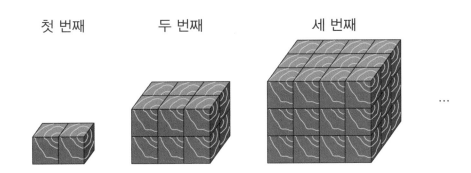

...

⊙ 규칙

⊙ 필요한 쌓기나무의 개수:

정답 ≫ 93쪽

쌍기나무의 개수 | 규칙성 |

일정한 규칙으로 쌓기나무를 5층까지 쌓으려고 합니다. 필요한 층별 쌓기나무의 개수와 전체 쌓기나무의 개수를 구해 보세요.

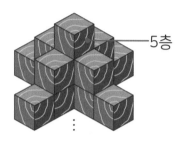

─5층

⊙ 층별 쌓기나무의 개수

·5층: 1개

·4층: 1 + ☐ = ☐ (개)

·3층: ☐ + ☐ = ☐ (개)

·2층: ☐ + ☐ = ☐ (개)

·1층: ☐ + ☐ = ☐ (개)

⊙ 전체 쌓기나무의 개수:

일정한 규칙으로 쌓기나무를 6층까지 쌓으려고 합니다. 필요한 층별 쌓기나무의 개수와 전체 쌓기나무의 개수를 구해 보세요.

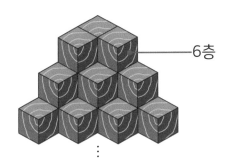

6층

◉ 층별 쌓기나무의 개수

◉ 전체 쌓기나무의 개수:

정답 ≫ 93쪽

05

위, 앞, 옆에서 본 모양

| 도형 |

쌓기나무로 쌓은 모양의 **위, 앞, 옆**에서 본 모양을 알아봐요!

01 위, 앞, 옆에서 본 모양 | 도형 |

쌓기나무로 쌓은 모양을 어느 방향에서 본 모양인지 ○표 해 보세요.

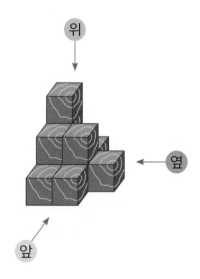

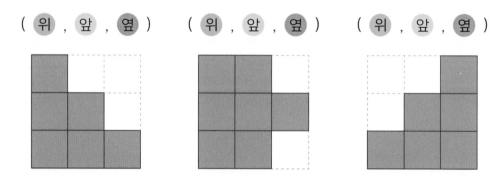

(위 , 앞 , 옆)　　(위 , 앞 , 옆)　　(위 , 앞 , 옆)

쌓기나무로 쌓은 모양을 위, 앞, 옆에서 본 모양으로 나타내면 어떤 점이
좋은지 설명해 보세요.

위, 앞, 옆에서 본 모양을 보고 쌓기나무로 쌓은 모양으로 가능한 모양을 찾아 ○표 해 보세요.

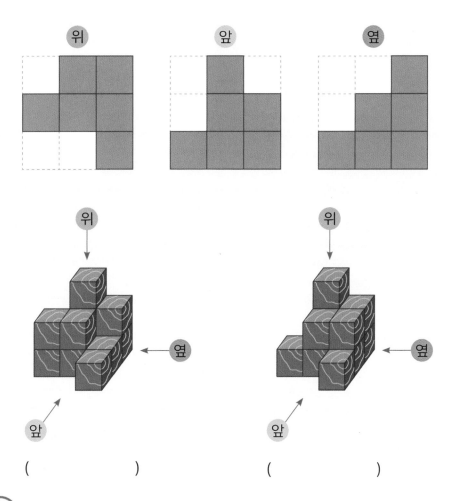

위   앞   옆

위   위

옆   옆

앞   앞

(   )   (   )

? 위에서 찾은 모양을 쌓는 데 필요한 전체 쌓기나무의 개수를 구해 보세요.

정답 >> 94쪽

02 모양 그리기 ① | 도형 |

쌓기나무로 쌓은 모양을 위, 앞, 옆에서 본 모양을 각각 그려 보세요.

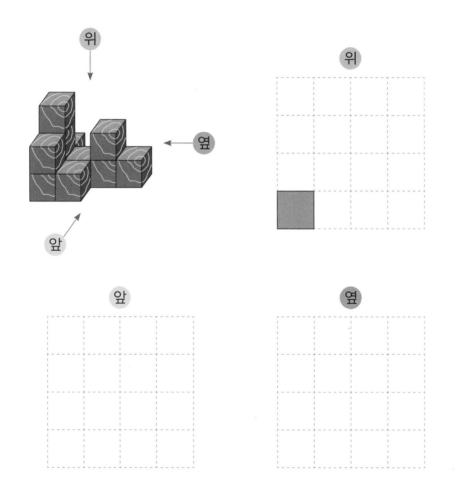

? 위의 쌓기나무로 쌓은 모양을 보고 똑같은 모양을 쌓는 데 필요한 전체 쌓기나무의 개수를 구해 보세요.

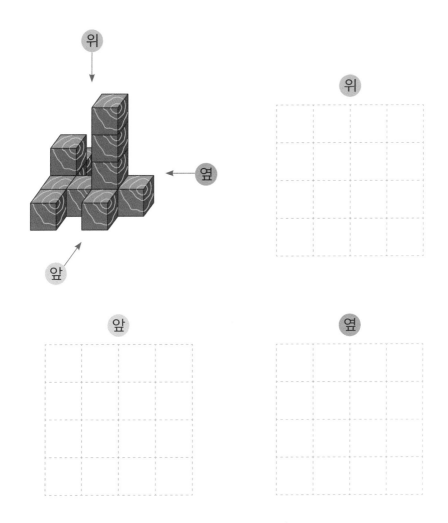

위

위

옆

앞

앞

옆

? 위의 쌓기나무로 쌓은 모양을 보고 똑같은 모양을 쌓는 데 필요한 전체 쌓
기나무의 개수를 구해 보세요.

정답 ≫ 94쪽

03 모양 그리기 ② |도형|

색깔이 있는 쌓기나무로 쌓은 모양을 위, 앞, 옆에서 본 모양을 각각 그리고, 알맞은 색을 칠해 보세요.

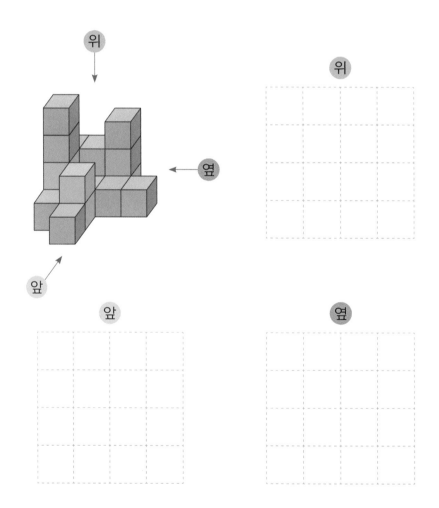

위, 앞, 옆에서 본 모양을 보고 쌓기나무로 쌓은 모양에 알맞은 색을 칠해 보세요.

정답 ▶ 95쪽

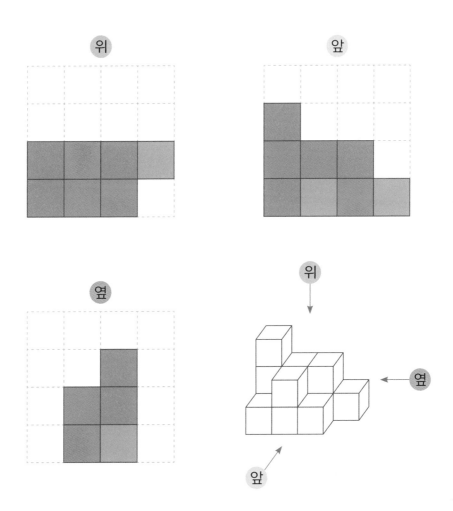

04 모양 그리기 ③ | 도형 |

쌓기나무로 쌓은 모양을 위, 앞, 옆에서 본 모양을 각각 그리고, 위에서 본 모양에 쌓기나무의 개수를 써넣어 보세요.

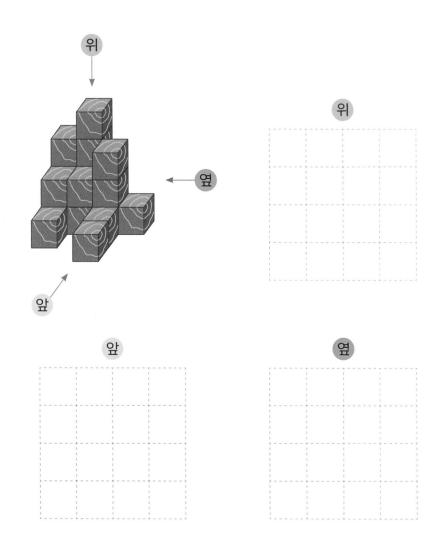

앞과 옆에서 본 모양을 보고 위에서 본 모양에 쌓기나무의 개수를 써넣어 보세요.

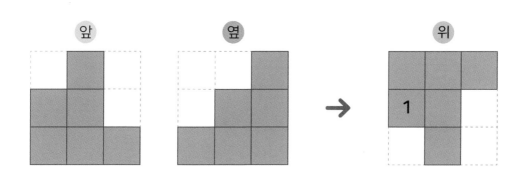

쌓기나무로 쌓은 모양을 보고 위에서 본 모양에 쌓기나무의 개수를 썼습니다. 이 모양의 앞과 옆에서 본 모양을 그려 보세요.

정답 ≫ 95쪽

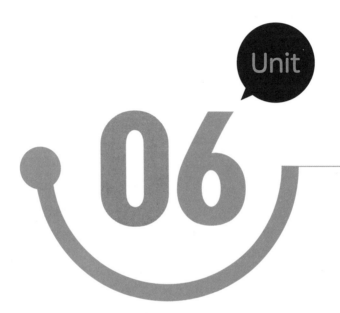

층별로 나타낸 모양

| 도형 |

쌓기나무로 쌓은 모양의 **층별로 나타낸 모양**을 알아봐요!

01 층별로 모양 그리기 | 도형 |

쌓기나무로 쌓은 모양을 보고 층별로 모양을 그려 보세요.

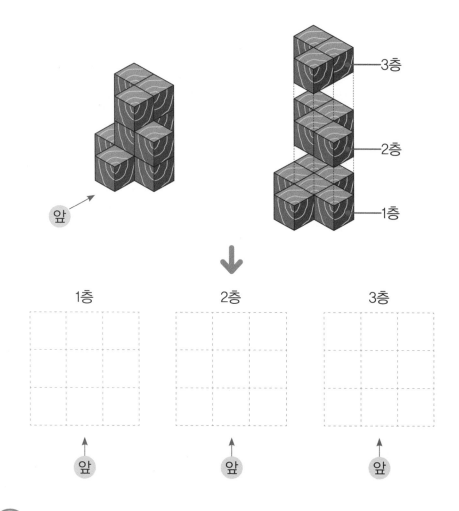

1층	2층	3층

앞   앞   앞

(?) 쌓기나무로 쌓은 모양을 보고 층별로 모양을 나타냈을 때 어떤 점이 좋은
지 설명해 보세요.

쌓기나무로 쌓은 모양과 1층 모양을 보고 2층과 3층 모양을 각각 그려
보세요.

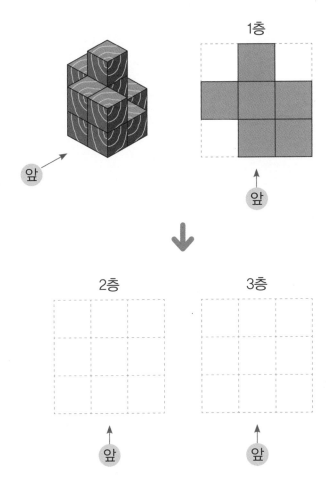

1층

앞

앞

2층

3층

앞

앞

? 위의 쌓기나무로 쌓은 모양을 보고 똑같은 모양을 쌓는 데 필요한 전체 쌓
기나무의 개수를 구해 보세요.

정답 ≫ 96쪽

02 층별로 나타낸 모양 ① | 도형 |

쌓기나무로 쌓은 모양을 층별로 나타낸 모양입니다. 물음에 답하세요.

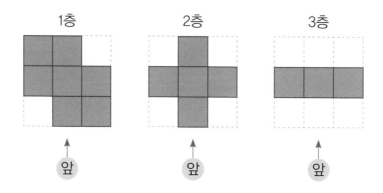

◉ 위에서 본 모양을 그리고, 위에서 본 모양에 수를 쓰는 방법으로 나타내어
  보세요.

◉ 위의 쌓은 모양과 똑같은 모양으로 쌓는 데 필요한 전체 쌓기나무의 개수를
  구해 보세요.

쌓기나무로 쌓은 모양을 보고 위에서 본 모양에 쌓기나무의 개수를 썼습니다. 2층과 3층 모양을 각각 그려 보세요.

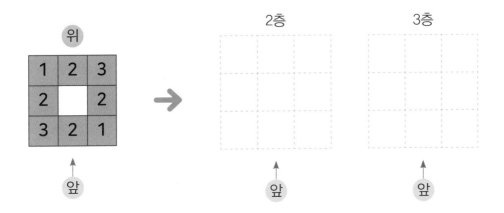

쌓기나무로 쌓은 모양을 보고 위에서 본 모양에 쌓기나무의 개수를 썼습니다. 알맞은 2층 모양을 찾아 ○표 해 보세요.

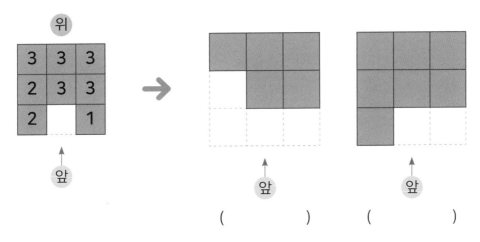

정답 ≫ 96쪽

층별로 나타낸 모양 ② | 도형 |

쌓기나무로 쌓은 모양을 층별로 나타낸 모양입니다. 위, 앞, 옆에서 본 모양을 각각 그려 보세요.

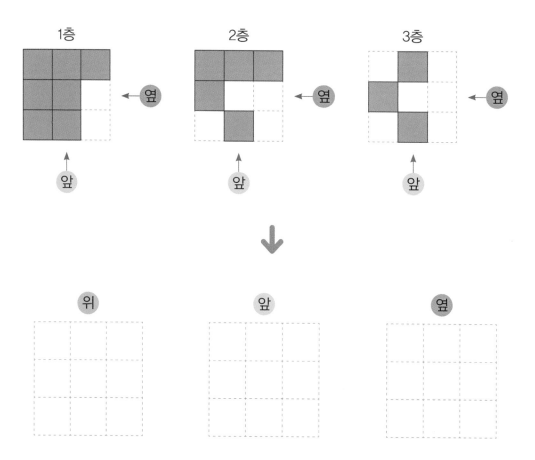

? 위의 쌓은 모양과 똑같은 모양으로 쌓는 데 필요한 전체 쌓기나무의 개수를 구해 보세요.

쌓기나무로 쌓은 모양을 위, 앞, 옆에서 본 모양입니다. 2층과 3층 모양을 각각 그려 보세요.

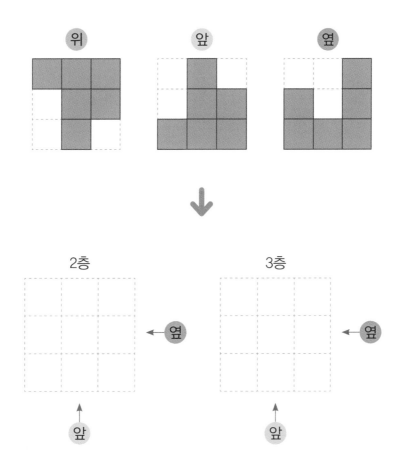

위의 쌓은 모양과 똑같은 모양으로 쌓는 데 필요한 전체 쌓기나무의 개수를 구해 보세요.

정답 ❯ 97쪽

04 층별로 나타낸 모양 ③ | 도형 |

쌓기나무로 쌓은 모양을 보고 위에서 본 모양에 쌓기나무의 개수를 썼습니다. 2층에 놓인 쌓기나무의 개수를 각각 구해 보세요.

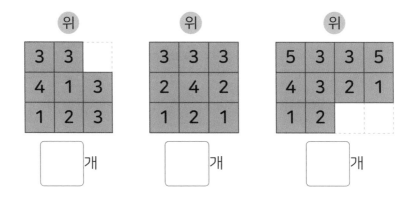

위

3	3	
4	1	3
1	2	3

[ ] 개

위

3	3	3
2	4	2
1	2	1

[ ] 개

위

5	3	3	5
4	3	2	1
1	2		

[ ] 개

쌓기나무로 쌓은 모양을 보고 위에서 본 모양에 쌓기나무의 개수를 썼습니다. 3층에 놓인 쌓기나무의 개수가 가장 많은 것을 찾아 ○표 해 보세요.

위

4			4
3			3
4			4
1	4	4	1

(   )

위

2	4	3	1
3			
4	1	3	1
1			

(   )

위

1	3	1	5
2			1
4			3
1	4	2	1

(   )

쌓기나무로 쌓은 모양을 보고 위에서 본 모양에 쌓기나무의 개수를 썼습니다. 2층에 놓인 쌓기나무를 빼면 모두 몇 개의 쌓기나무가 남는지 구해 보세요.

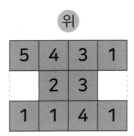

- ◉ 필요한 전체 쌓기나무의 개수: ☐ 개
- ◉ 층별 쌓기나무의 개수

층	1층	2층	3층	4층	5층
쌓기나무의 개수(개)					

- ◉ 구하는 쌓기나무의 개수: ☐ 개

정답 ▶ 97쪽

Unit

07

조건에 맞게 쌓기

| 도형 |

쌓기나무를 **조건에 맞게** 쌓아 봐요!

01 서로 다른 모양 | 도형 |

쌓기나무로 쌓은 모양에서 쌓기나무 1개를 옮겨 처음과 다른 모양으로 만들려고 합니다. 만들 수 있는 서로 다른 모양은 모두 몇 가지인지 구해 보세요. (단, 뒤집거나 돌렸을 때 같은 모양은 한 가지 모양으로 봅니다.)

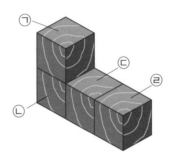

⊙ ㉠, ㉡, ㉢, ㉣ 중에서 옮길 수 있는 것은 　　과 　　입니다.

① 　　을 옮겨서 만들 수 있는 서로 다른 모양: 　　가지

② 　　을 옮겨서 만들 수 있는 서로 다른 모양: 　　가지

③ ①과 ②에서 만들어지는 같은 모양: 　　가지

➜ 만들 수 있는 서로 다른 모양: 　　가지

쌓기나무를 쌓을 때는 1층 위에 2층을 쌓아야 해요.
즉, 1층 없이는 2층을 쌓을 수 없어요.

다음 모양에서 쌓기나무 1개를 붙여서 만들 수 있는 서로 다른 모양은 모두 몇 가지인지 구해 보세요. (단, 뒤집거나 돌렸을 때 같은 모양은 한 가지 모양으로 봅니다.)

☐ 가지

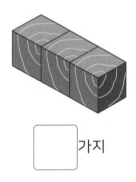

☐ 가지

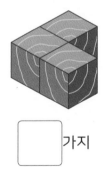

☐ 가지

☐ 가지

정답 >> 98쪽

쌓는 방법의 가짓수 | 도형 |

위, 앞, 옆에서 본 모양이 다음과 같도록 쌓기나무를 쌓으려고 합니다. 물음에 답하세요.

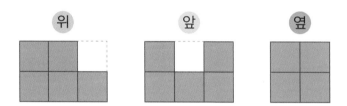

◉ 위에서 본 모양에 확실히 알 수 있는 쌓기나무의 개수를 써넣고, 개수를 확실히 알 수 없는 칸에 ○표 해 보세요.

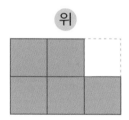

◉ 위에서 ○표 한 칸에 쌓을 수 있는 쌓기나무의 개수를 각각 써넣어 보세요.

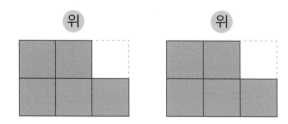

위, 앞, 옆에서 본 모양이 다음과 같도록 쌓기나무를 쌓으려고 합니다. 쌓기나무로 쌓을 수 있는 모든 모양을 위에서 본 모양에 수를 쓰는 방법으로 나타내어 보세요.

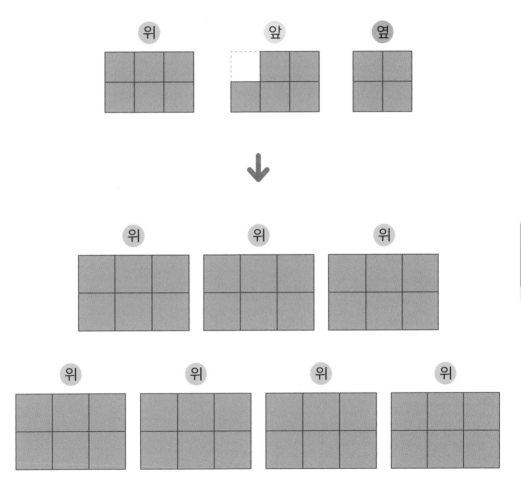

최대, 최소 개수 ① | 도형 |

위, 앞, 옆에서 본 모양이 다음과 같도록 쌓기나무를 쌓으려고 합니다.
물음에 답하세요.

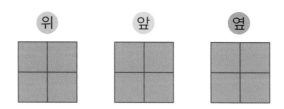

◉ 필요한 쌓기나무의 개수가 최대인 경우와 최소인 경우를 위에서 본 모양에
수를 쓰는 방법으로 나타내어 보세요.

◉ 필요한 쌓기나무의 최대 개수와 최소 개수를 각각 구해 보세요.

위, 앞, 옆에서 본 모양이 다음과 같도록 쌓기나무를 최대 개수로 쌓으려고 합니다. 물음에 답하세요.

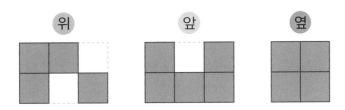

◉ 위에서 본 모양에 확실히 알 수 있는 쌓기나무의 개수를 써넣고, 개수를 확실히 알 수 없는 칸에 ○표 해 보세요.

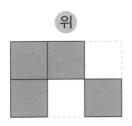

◉ 위에서 ○표 한 칸에 쌓을 수 있는 쌓기나무의 최대 개수를 써넣어 보세요.

◉ 필요한 쌓기나무의 최대 개수를 구해 보세요.

최대, 최소 개수 ② | 도형 |

위, 앞, 옆에서 본 모양이 다음과 같도록 쌓기나무를 쌓으려고 합니다. 물음에 답하세요.

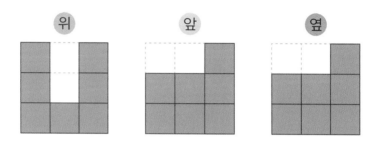

◉ 필요한 쌓기나무의 개수가 최대인 경우와 최소인 경우를 위에서 본 모양에 수를 쓰는 방법으로 나타내어 보세요.

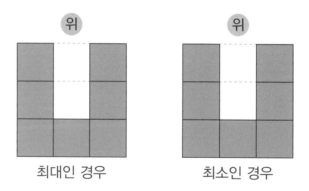

최대인 경우   최소인 경우

◉ 필요한 쌓기나무의 최대 개수와 최소 개수를 각각 구해 보세요.

위, 앞, 옆에서 본 모양이 다음과 같도록 쌓기나무를 쌓으려고 합니다.
필요한 쌓기나무의 최대 개수를 구해 보세요.

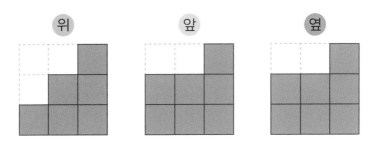

위, 앞, 옆에서 본 모양이 다음과 같도록 쌓기나무를 쌓으려고 합니다.
필요한 쌓기나무의 최소 개수를 구해 보세요.

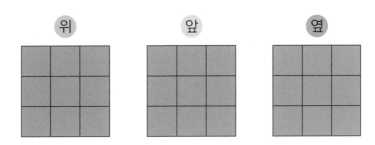

정답 ❯ 99쪽

08

색칠된 쌍기나무

| 문제 해결 |

안쌤의 사고력 수학 퍼즐
쌓기나무 퍼즐

색칠된 쌓기나무의 개수를 구해 봐요!

01 정육면체를 펼친 모양 | 문제 해결 |

정육면체 모양의 상자를 잘라서 펼친 모양을 그리려고 합니다. 펼친 모양을 완성해 보세요.

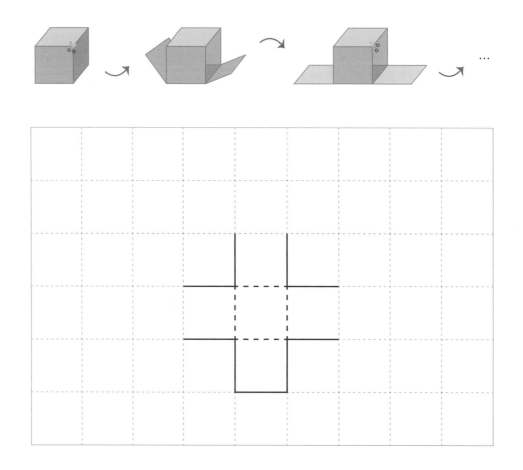

⦿ 정육면체의 모서리를 잘라 펼친 그림을 정육면체의 [   ](이)라고 합니다.

안쌤 Tip

전개도를 그릴 때 잘린 모서리는 실선으로,
잘리지 않는 모서리는 점선으로 나타내요.

쌓기나무의 마주 보는 면에 서로 같은 색을 칠했습니다. 쌓기나무 모양
의 정육면체를 전개도로 나타내었을 때 각 면에 알맞은 색을 칠해 보
세요.

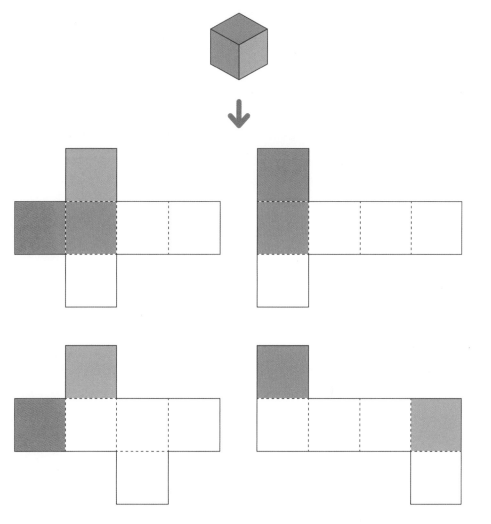

Unit
08

색칠된 쌓기나무 ① | 문제 해결 |

다음과 같이 정육면체 모양으로 쌓기나무를 쌓고 바깥쪽 면에 색을 칠한 후 층별로 분리했습니다. 색칠된 면의 개수에 따른 쌓기나무의 개수를 각각 구해 보세요. (단, 바닥면도 칠합니다.)

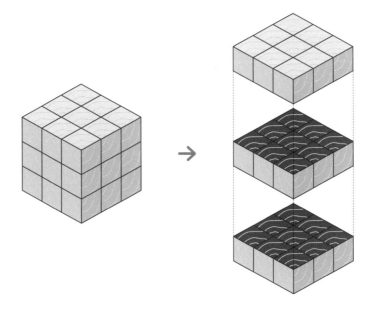

색칠된 면	없다	한 면	두 면	세 면
쌓기나무의 개수(개)				

다음과 같이 정육면체 모양으로 쌓기나무를 쌓고 바깥쪽 면에 색을 칠했습니다. 한 면만 칠해진 쌓기나무의 개수는 모두 몇 개인지 구해 보세요. (단, 바닥면도 칠합니다.)

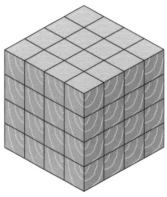

- ⊙ 한 면만 칠해진 쌓기나무는 각 면에 ☐ 개씩 있습니다.

- ⊙ 정육면체의 면은 ☐ 개입니다.

→ 쌓기나무의 개수: ☐ × ☐ = ☐ (개)

정답 ≫ 100쪽

색칠된 쌓기나무 ② | 문제 해결 |

쌓기나무 125개를 이용하여 정육면체 모양으로 쌓고 바깥쪽 면에 색을 칠했습니다. 물음에 답하세요. (단, 바닥면도 칠합니다.)

◉ 쌓기나무 125개를 이용하여 정육면체 모양으로 만들 때 한 모서리에 몇 개의 쌓기나무를 쌓아야 하는지 구해 보세요.

◉ 두 면만 칠해진 쌓기나무는 모두 몇 개인지 구해 보세요.

◉ 한 면도 칠해지지 않은 쌓기나무는 모두 몇 개인지 구해 보세요.

◉ 한 면 이상 칠해진 쌓기나무는 모두 몇 개인지 구해 보세요.

쌓기나무를 이용하여 정육면체 모양으로 쌓고 바깥쪽 면에 색을 칠했습니다. 두 면만 색이 칠해진 쌓기나무가 60개라고 할 때, 정육면체를 쌓는 데 필요한 전체 쌓기나무의 개수를 구해 보세요. (단, 바닥면도 칠합니다.)

- 두 면만 색이 칠해진 쌓기나무는 정육면체의 [ ]의 가운데에 있습니다.

- 정육면체의 모서리의 개수는 [ ]개입니다.

- 쌓기나무로 쌓은 정육면체의 한 모서리에 두 면만 색이 칠해진 쌓기나무의 개수는 [ ] ÷ [ ] = [ ] (개)입니다.

- 쌓기나무로 쌓은 정육면체의 한 모서리에는

[ ] + [ ] = [ ] (개)의 쌓기나무가 있습니다.

→ 필요한 전체 쌓기나무의 개수:

[ ] × [ ] × [ ] = [ ] (개)

정답 ▶ 101쪽

색칠된 면의 개수 | 문제 해결 |

쌓기나무를 다음과 같이 쌓은 후 바닥면을 제외한 바깥쪽 면에 색을 칠했습니다. 색칠된 면의 개수는 모두 몇 개인지 구해 보세요.

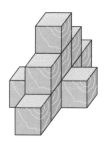

- 색칠된 면의 개수는 앞, 뒤, 왼쪽, 오른쪽, 위에서 본 면의 개수의

  [　] 와/과 같습니다.

- 각 방향에서 본 면의 개수는 다음과 같습니다.

방향	위	앞	뒤	왼쪽	오른쪽
면의 개수(개)	7				

→ 색칠된 모든 면의 개수:

쌓기나무로 쌓은 모양의 경우 앞과 뒤, 오른쪽과 왼쪽, 위와 아래에서 본 모양이 서로 같습니다.

쌓기나무로 다음과 같은 모양을 쌓은 후 바깥쪽 면에 색을 칠했습니다. 색칠된 면의 개수는 모두 몇 개인지 구해 보세요. (단, 바닥면도 칠합니다.)

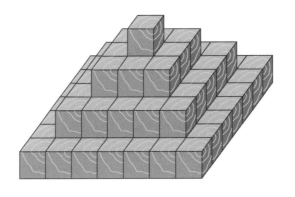

→ 색칠된 모든 면의 개수:

정답 ≫ 101쪽

정답

확인해 볼까요?

쌍기나무 쌓기 | 도형 |

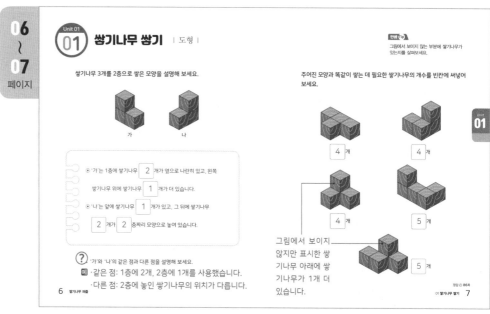

Unit 01 01 쌍기나무 쌓기 | 도형 |

쌍기나무 3개를 2층으로 쌓은 모양을 설명해 보세요.

가   나

- '가'는 1층에 쌓기나무 2 개가 옆에 나란히 있고, 왼쪽 쌓기나무 위에 쌓기나무 1 개가 더 있습니다.
- '나'는 앞에 쌓기나무 1 개가 있고, 그 뒤에 쌓기나무 2 개가 2 층짜리 모양으로 놓여 있습니다.

? '가'와 '나'의 같은 점과 다른 점을 설명해 보세요.

예 ·같은 점: 1층에 2개, 2층에 1개를 사용했습니다.
·다른 점: 2층에 놓인 쌓기나무의 위치가 다릅니다.

6 쌍기나무 퍼즐

만점 Tip
그림에서 보이지 않는 부분에 쌓기나무가 있는지를 살펴보세요.

주어진 모양과 똑같이 쌓는 데 필요한 쌓기나무의 개수를 빈칸에 써넣어 보세요.

4 개   4 개

4 개   5 개

그림에서 보이지 않지만 표시한 쌓기나무 아래에 쌓기나무가 1개 더 있습니다.

5 개

정답 ⊙ 86쪽
01 쌍기나무 쌓기 7

Unit 01 02 설명에 맞게 쌓기 | 도형 |

설명에 맞게 쌓기나무로 쌓은 모양을 찾아 ○표 해 보세요.

설명
① 쌓기나무 3개를 옆으로 나란히 놓습니다.
② 맨 왼쪽 쌓기나무 앞에 쌓기나무 1개를 놓습니다.
③ 가운데 쌓기나무 위에 쌓기나무 1개를 놓습니다.

(   )   (   )

(   )   (○)

설명
① 쌓기나무 2개를 옆으로 나란히 놓습니다.
② 오른쪽 쌓기나무 뒤에 쌓기나무 2개를 2층짜리 모양으로 놓습니다.
③ ②에서 놓은 쌓기나무 뒤에 쌓기나무 1개를 놓습니다.

(   )   (   )

(○)   (   )

8 쌍기나무 퍼즐

정답 ⊙ 86쪽
01 쌍기나무 쌓기 9

10 ~ 11 페이지

Unit 01 (03) 같은 모양, 다른 모양 | 도형 |

오른쪽 모양들은 왼쪽 모양을 뒤집거나 돌렸을 때의 모양입니다. 하늘색 부분을 찾아 색칠해 보세요.

주어진 개수의 쌓기나무를 사용하여 모양을 쌓았습니다. 이 중에서 서로 다른 모양 한 가지를 찾아 ○표 해 보세요.

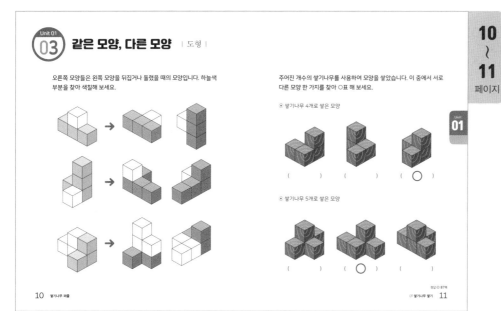

⊙ 쌓기나무 4개로 쌓은 모양

( )　　　( )　　　(◯)

⊙ 쌓기나무 5개로 쌓은 모양

( )　　　(◯)　　　( )

12 ~ 13 페이지

Unit 01 (04) 같은 모양 만들기 | 도형 |

왼쪽 모양을 보고 오른쪽 모양과 같이 쌓았습니다. 잘못된 점을 찾아 그 이유를 설명해 보세요.

그림에서 잘 보이지 않는 쌓기나무(★)를 빠뜨렸습니다.

왼쪽 모양에서 쌓기나무 1개를 옮겨 오른쪽 모양을 만들려고 합니다. 옮겨야 할 쌓기나무를 찾고, 방법을 설명해 보세요.

왼쪽 모양에서 1층 오른쪽에 있던 쌓기나무를 1층 왼쪽 앞으로 옮기면 오른쪽 모양이 됩니다.

벽에 붙여 쌓은 왼쪽 모양에서 쌓기나무 2개를 옮겨 오른쪽 모양을 만들었습니다. 물음에 답하세요. (단, 쌓기나무는 벽 너머로 쌓을 수 없습니다.)

⊙ 옮겨야 할 쌓기나무 2개를 찾고, 방법을 설명해 보세요.

맨 왼쪽과 맨 오른쪽 앞에 있던 쌓기나무 중 1개는 맨 왼쪽 쌓기나무 위로 옮겨 2층짜리 모양으로 만들고, 나머지 1개는 1층 가운데 앞으로 옮깁니다.

⊙ 위의 왼쪽 모양에서 쌓기나무 2개를 옮겨 만들 수 있는 모양을 찾아 ○표 해 보세요.

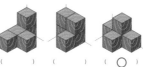

( )　　　( )　　　(◯)

쌓기나무의 개수 | 수와 연산 |

Unit 02 01 개수를 세는 방법 | 수와 연산 |

쌓기나무의 개수를 층별로 각각 세어 보고, 전체 쌓기나무의 개수를 구해 보세요.

3층: 1 개
2층: 3 개
1층: 5 개

◉ 쌓기나무의 개수: 1 + 3 + 5 = 9 (개)

16 쌓기나무 퍼즐

쌓기나무의 개수를 줄별로 각각 세어 보고, 전체 쌓기나무의 개수를 구해 보세요.

3 개
2 개   2 개
1 개   2 개

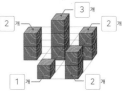

◉ 쌓기나무의 개수: 2 + 3 + 2 + 1 + 2 = 10 (개)

정답 ◎ 88쪽

02 쌓기나무의 개수 17

Unit 02 02 층별로 세기 | 수와 연산 |

벽에 붙여 쌓은 쌓기나무의 개수를 층별로 각각 세어 보고, 전체 쌓기나무의 개수를 구해 보세요.

3층: 2 개
2층: 2 개
1층: 5 개

◉ 쌓기나무의 개수: 2 + 2 + 5 = 9 (개)

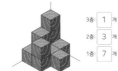

3층: 1 개
2층: 3 개
1층: 7 개

◉ 쌓기나무의 개수: 1 + 3 + 7 = 11 (개)

18 쌓기나무 퍼즐

쌓기나무 10개를 벽에 붙여 쌓으려고 합니다. 2층과 3층에 쌓은 모양을 보고 1층 모양으로 알맞은 것에 ○표 해 보세요.

3층: 1개
2층: 3개
1층: 10 − 1 − 3 = 6 (개)

(   )   (   )   (○   )

2층의 쌓기나무 아래(★)에는 쌓기나무가 반드시 있어야 2층과 3층을 쌓을 수 있습니다.

정답 ◎ 88쪽

02 쌓기나무의 개수 19

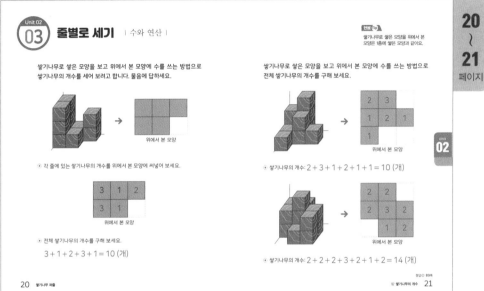

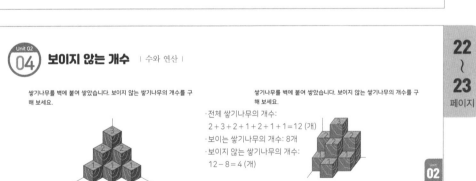

03 Unit

직육면체와 정육면체 | 도형 |

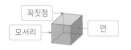

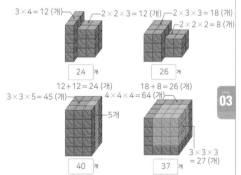

Unit 03
03 쌍기나무의 개수 ② | 도형 |

<보기>와 같이 쌍기나무로 쌓은 모양을 직육면체 모양이나 정육체 모양으로 만들어서 전체 쌍기나무의 개수를 구해 보세요.

보기

$3 \times 3 = 9$ (개)

12 개

$3 \times 2 \times 2 = 12$ (개)

18 개

$2 \times 3 \times 3 = 18$ (개)

쌓은 모양에 쌍기나무 몇 개를 옮겨 정육체 모양으로 만들 수 있는 것을 찾아 ○표 해 보세요. 또, 전체 쌍기나무의 개수를 구해 보세요.

3층: 1개
2층: 5개
1층: 5개

8 개

$2 \times 2 \times 2 = 8$ (개)

11 개

$5 + 5 + 1 = 11$ (개)

3층: 7개
2층: 8개
1층: 11개

26 개

$11 + 8 + 7 = 26$ (개)

27 개

$3 \times 3 \times 3 = 27$ (개)

Unit 03
04 필요한 쌍기나무 | 도형 |

쌍기나무가 쌓여 있는 상자 안에 쌍기나무를 더 쌓아 빈틈없이 가득 채우려고 합니다. 이때 필요한 쌍기나무의 개수를 구해 보세요.

3층: 3개
2층: 4개
1층: 10개

· 상자는 직육면체 모양입니다.

· 상자 안을 빈틈없이 채우는 데 필요한 쌍기나무는 총 36 개입니다.

$4 \times 3 \times 3 = 36$ (개)

· 상자 안에 쌓여 있는 쌍기나무는 17 개입니다.

→ 필요한 쌍기나무의 개수는 $10 + 4 + 3 = 17$ (개)

36 - 17 = 19 (개)입니다.

· 쌍기나무가 가장 적게 필요할 때 쌍기나무의 개수:

$4 \times 4 \times 4 = 64$ (개)

· 쌓은 모양에 사용된 쌍기나무의 개수:

$14 + 11 + 8 + 4 = 37$ (개)

· 필요한 쌍기나무의 개수: $64 - 37 = 27$ (개)

다음과 같은 쌍기나무로 쌓은 모양에서 쌍기나무를 더 쌓아 정육체를 만들려고 합니다. 이때 필요한 쌍기나무의 개수가 가장 적은 경우 쌍기나무는 몇 개인지 구해 보세요.

4층: 4개
3층: 8개
2층: 11개
1층: 14개

쌍기나무로 쌓은 모양을 보고 위에서 본 모양에 수를 썼습니다. 여기에 쌍기나무를 더 쌓아 직육면체를 만들려고 합니다. 이때 필요한 쌍기나무의 개수가 가장 적은 경우 쌍기나무는 몇 개인지 구해 보세요.

5	5			4
5	5	4	2	3
3	3		3	1

위에서 본 모양

· 쌍기나무가 가장 적게 필요할 때 쌍기나무의 개수: $5 \times 3 \times 5 = 75$ (개)
· 쌓은 모양에 사용된 쌍기나무의 개수: $5 \times 4 + 4 \times 2 + 3 \times 3 + 2 + 1 = 40$ (개)
· 필요한 쌍기나무의 개수: $75 - 40 = 35$ (개)

04 Unit

규칙 찾기 | 규칙성 |

Unit 04 01 규칙 찾기 | 규칙성 |

쌓기나무가 배열된 규칙에 맞게 빈칸에 알맞은 기호를 써넣어 보세요.

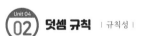

아래 모양을 보고 쌓기나무를 쌓은 규칙을 찾아 빈칸에 알맞은 것을 써넣어 보세요.

⊙ 규칙 1

→ 쌓기나무 1개로 **1** 층짜리 모양과 2개로 **2** 층짜리 모양이 반복되게 쌓았습니다.

⊙ 규칙 2

→ 1층에는 쌓기나무 **5** 개를 왼쪽부터 오른쪽으로 이어 붙여 쌓았고, 2층에는 왼쪽에서 두 번째 칸부터 쌓기나무 **1** 개를 한 칸씩 건너뛰고 쌓았습니다.

36 쌓기나무 퍼즐

04 규칙 찾기 37

정답 ○ 92쪽

Unit 04 02 덧셈 규칙 | 규칙성 |

쌓기나무를 쌓은 규칙을 찾아 네 번째 모양을 쌓는 데 필요한 쌓기나무의 개수를 구해 보세요.

첫 번째   두 번째   세 번째   네 번째

2개   4개   6개   ?   **8** 개

+ 2   + 2   + 2

첫 번째   두 번째   세 번째   네 번째

1개   3개   6개   ?   **10** 개

+ 2   + 3   + 4

쌓기나무를 쌓은 규칙을 찾으려고 합니다. 물음에 답하세요.

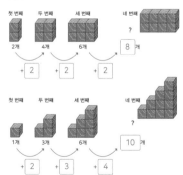 ← 4층

⊙ 1층부터 4층까지 각 층에 쌓은 쌓기나무의 개수를 표의 빈칸에 써넣고, 감소한 수를 구해 보세요.

구분	1층	2층	3층	4층
쌓기나무의 개수(개)	16	9	4	1

- 7   - 5   - 3

⊙ 위의 결과를 통해 알 수 있는 규칙을 설명해 보세요.

감소한 수가 7부터 2씩 작아집니다.

38 쌓기나무 퍼즐

04 규칙 찾기 39

정답 ○ 92쪽

Unit 04
03 곱셈 규칙 | 규칙성 |

일정한 규칙으로 쌓기나무를 쌓았습니다. 단계별 모양을 쌓는 데 필요한 쌓기나무의 개수를 각각 구하고, 규칙을 설명해 보세요.

첫 번째   두 번째   세 번째

· 개수
· 첫 번째: $2 \times 1 = 2$ (개)

· 두 번째: $\boxed{3} \times \boxed{2} = \boxed{6}$ (개)

· 세 번째: $\boxed{4} \times \boxed{3} = \boxed{12}$ (개)

· 규칙: 두 번째 단계부터 곱하는 두 수가 이전 단계보다 각각

$\boxed{1}$ 씩 커집니다.

일정한 규칙으로 쌓기나무를 쌓았습니다. 규칙을 찾아 여섯 번째 모양을 쌓는 데 필요한 쌓기나무의 개수를 구해 보세요.

첫 번째   두 번째   세 번째

규칙
필요한 쌓기나무의 개수는 다음과 같습니다.
· 첫 번째: $2 \times 1 \times 1 = 2$ (개)
· 두 번째: $3 \times 2 \times 2 = 12$ (개)
· 세 번째: $4 \times 3 \times 3 = 36$ (개)

두 번째 단계부터 곱하는 세 수가 이전 단계보다 각각 1씩 커집니다.

· 필요한 쌓기나무의 개수: $7 \times 6 \times 6 = 252$ (개)

정답 ○ 93쪽

40 ~ 41 페이지

Unit 04
04 쌓기나무의 개수 | 규칙성 |

일정한 규칙으로 쌓기나무를 5층까지 쌓으려고 합니다. 필요한 층별 쌓기나무의 개수와 전체 쌓기나무의 개수를 구해 보세요.

5층

· 층별 쌓기나무의 개수
· 5층: 1개

· 4층: $1 + \boxed{4} = \boxed{5}$ (개)

· 3층: $\boxed{5} + 4 = \boxed{9}$ (개)

· 2층: $\boxed{9} + 4 = \boxed{13}$ (개)

· 1층: $\boxed{13} + 4 = \boxed{17}$ (개)

· 전체 쌓기나무의 개수:
$1 + 5 + 9 + 13 + 17 = 45$ (개)

일정한 규칙으로 쌓기나무를 6층까지 쌓으려고 합니다. 필요한 층별 쌓기나무의 개수와 전체 쌓기나무의 개수를 구해 보세요.

6층

· 층별 쌓기나무의 개수
· 6층: 3개

· 5층: $3 + 3 = 6$ (개)

· 4층: $6 + 4 = 10$ (개)

· 3층: $10 + 5 = 15$ (개)

· 2층: $15 + 6 = 21$ (개)

· 1층: $21 + 7 = 28$ (개)

· 전체 쌓기나무의 개수:
$3 + 6 + 10 + 15 + 21 + 28 = 83$ (개)

정답 ○ 93쪽

42 ~ 43 페이지

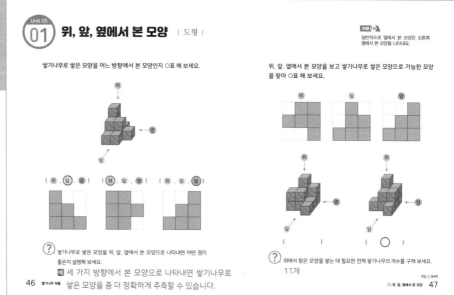

Unit 05 위, 앞, 옆에서 본 모양 | 도형 |

01 위, 앞, 옆에서 본 모양 | 도형 |

쌓기나무로 쌓은 모양을 어느 방향에서 본 모양인지 ○표 해 보세요.

(위, 앞, 옆) (위, 앞, 옆) (위, 앞, 옆)

? 쌓기나무로 쌓은 모양을 위, 앞, 옆에서 본 모양으로 나타내면 어떤 점이 좋은지 설명해 보세요.
예 세 가지 방향에서 본 모양으로 나타내면 쌓기나무로 쌓은 모양을 좀 더 정확하게 추측할 수 있습니다.

46 쌓기나무 퍼즐

힌트 Tip
일반적으로 옆에서 본 모양은 오른쪽 옆에서 본 모양을 나타내요.

위, 앞, 옆에서 본 모양을 보고 쌓기나무로 쌓은 모양으로 가능한 모양을 찾아 ○표 해 보세요.

( ) (○)

? 위에서 찾은 모양을 쌓는 데 필요한 전체 쌓기나무의 개수를 구해 보세요.
11개

정답 94쪽
05 위, 앞, 옆에서 본 모양 47

02 모양 그리기 ① | 도형 |

쌓기나무로 쌓은 모양을 위, 앞, 옆에서 본 모양을 각각 그려 보세요.

? 위의 쌓기나무로 쌓은 모양을 보고 똑같은 모양을 쌓는 데 필요한 전체 쌓기나무의 개수를 구해 보세요. 11개

? 위의 쌓기나무로 쌓은 모양을 보고 똑같은 모양을 쌓는 데 필요한 전체 쌓기나무의 개수를 구해 보세요. 12개

정답 94쪽
05 위, 앞, 옆에서 본 모양 49

48 쌓기나무 퍼즐

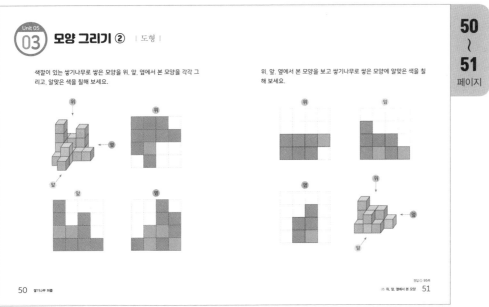

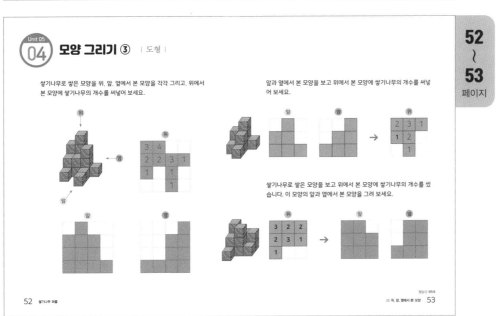

층별로 나타낸 모양 | 도형 |

56
~
57
페이지

Unit 06
01 층별로 모양 그리기 | 도형 |

쌓기나무로 쌓은 모양을 보고 층별로 모양을 그려 보세요.

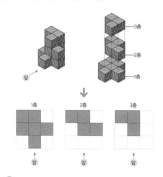

? 쌓기나무로 쌓은 모양을 보고 층별로 모양을 나타냈을 때 어떤 점이 좋은지 설명해 보세요.
예 · 쌓은 모양을 정확하게 알 수 있습니다.
· 각 층의 모양과 쌓기나무의 개수를 정확하게 알 수 있습니다.

56 쌓기나무 퍼즐

쌓기나무로 쌓은 모양과 1층 모양을 보고 2층과 3층 모양을 각각 그려 보세요.

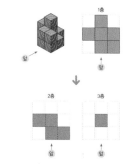

? 위의 쌓기나무로 쌓은 모양을 보고 똑같은 모양을 쌓는 데 필요한 전체 쌓기나무의 개수를 구해 보세요. 6 + 4 + 1 = 11 (개)

정답 ◐ 96쪽
06 층별로 나타낸 모양 57

58
~
59
페이지

Unit 06
02 층별로 나타낸 모양 ① | 도형 |

쌓기나무로 쌓은 모양을 층별로 나타낸 모양입니다. 물음에 답하세요.

 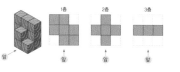

· 위에서 본 모양을 그리고, 위에서 본 모양에 수를 쓰는 방법으로 나타내어 보세요.

· 위의 쌓은 모양과 똑같은 모양으로 쌓는 데 필요한 전체 쌓기나무의 개수를 구해 보세요.
1 + 2 + 3 + 3 + 3 + 2 + 1 = 15 (개)

58 쌓기나무 퍼즐

쌓기나무로 쌓은 모양을 보고 위에서 본 모양에 쌓기나무의 개수를 썼습니다. 2층과 3층 모양을 각각 그려 보세요.

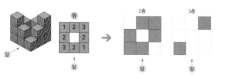

쌓기나무로 쌓은 모양을 보고 위에서 본 모양에 쌓기나무의 개수를 썼습니다. 알맞은 2층 모양을 찾아 ○표 해 보세요.

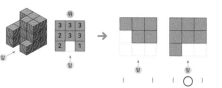

(   )   (○)

정답 ◐ 96쪽
06 층별로 나타낸 모양 59

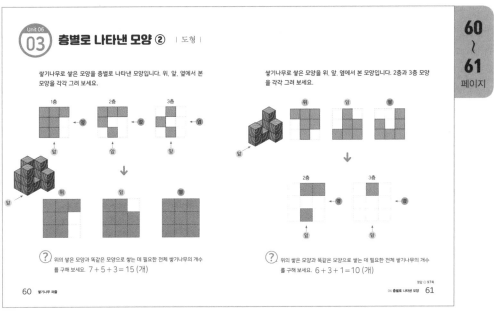

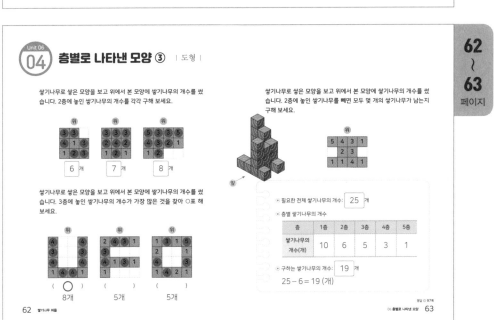

07

조건에 맞게 쌓기 | 도형 |

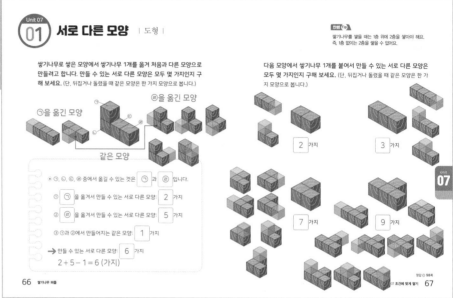

66
~
67
페이지

Unit 07
01 서로 다른 모양 | 도형 |

쌓기나무를 쌓을 때는 1층 위에 2층을 쌓아야 해요.
즉, 1층 없이는 2층을 쌓을 수 없어요.

쌓기나무로 쌓은 모양에서 쌓기나무 1개를 옮겨 처음과 다른 모양으로
만들려고 합니다. 만들 수 있는 서로 다른 모양은 모두 몇 가지인지 구
해 보세요. (단, 뒤집거나 돌렸을 때 같은 모양은 한 가지 모양으로 봅니다.)

ⓒ을 옮긴 모양

ⓐ을 옮긴 모양

같은 모양

- ⊙, ⓒ, ⓓ, ⓔ 중에서 옮길 수 있는 것은 [⊙] 과 [ⓔ] 입니다.

- [⊙] 을 옮겨서 만들 수 있는 서로 다른 모양: [2] 가지

- [ⓔ] 을 옮겨서 만들 수 있는 서로 다른 모양: [5] 가지

- ①과 ②에서 만들어지는 같은 모양: [1] 가지

→ 만들 수 있는 서로 다른 모양: [6] 가지
2 + 5 − 1 = 6 (가지)

66 쌓기나무 퍼즐

다음 모양에서 쌓기나무 1개를 붙여서 만들 수 있는 서로 다른 모양은
모두 몇 가지인지 구해 보세요. (단, 뒤집거나 돌렸을 때 같은 모양은 한 가
지 모양으로 봅니다.)

[2] 가지   [3] 가지

[7] 가지   [9] 가지

07

07 조건에 맞게 쌓기 67

68
~
69
페이지

Unit 07
02 쌓는 방법의 가짓수 | 도형 |

위, 앞, 옆에서 본 모양이 다음과 같도록 쌓기나무를 쌓으려고 합니다.
물음에 답하세요.

위   앞   옆

- 위에서 본 모양에 확실히 알 수 있는 쌓기나무의 개수를 써넣고, 개수를 확
실히 알 수 없는 칸에 ○표 해 보세요.

위
2 1
○ 1 2

- 위에서 ○표 한 칸에 쌓을 수 있는 쌓기나무의 개수를 각각 써넣어 보세요.

위   위
1   2

위, 앞, 옆에서 본 모양이 다음과 같도록 쌓기나무를 쌓으려고 합니다.
쌓기나무로 쌓을 수 있는 모든 모양을 위에서 본 모양에 수를 쓰는 방
법으로 나타내어 보세요.

위   앞   옆

↓

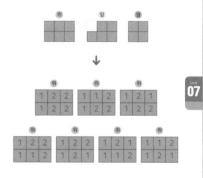

위   위   위
1 2 2   1 2 2   1 2 2
1 1 2   1 1 2   1 1 2

위   위   위   위
1 2 2   1 2 2   1 1 2   1 1 2
1 1 2   1 1 2   1 1 2   1 1 1

07

68 쌓기나무 퍼즐

07 조건에 맞게 쌓기 69

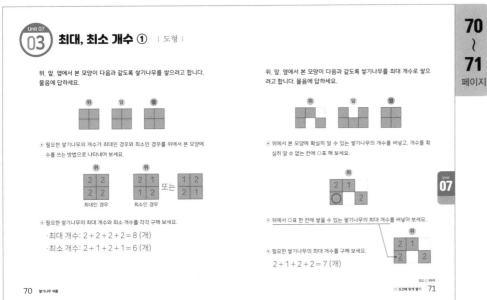

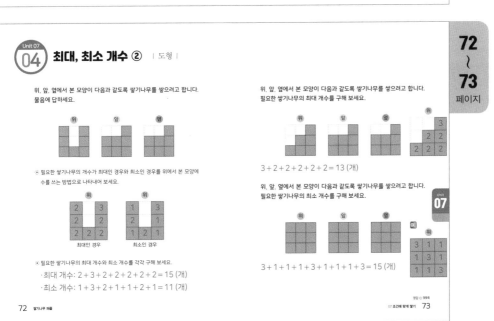

정답 **99**

색칠된 쌍기나무 | 문제 해결 |

Unit 08
01 정육면체를 펼친 모양 | 문제 해결 |

정육면체 모양의 상자를 잘라서 펼친 모양을 그리려고 합니다. 펼친 모양을 완성해 보세요.

안내 Tip
전개도를 그릴 때 잘린 모서리는 실선으로, 잘리지 않는 모서리는 점선으로 나타내요.

⊙ 정육면체의 모서리를 잘라 펼친 그림을 정육면체의 전개도 (이)라고 합니다.

쌍기나무의 마주 보는 면에 서로 같은 색을 칠했습니다. 쌍기나무 모양의 정육면체를 전개도로 나타내었을 때 각 면에 알맞은 색을 칠해 보세요.

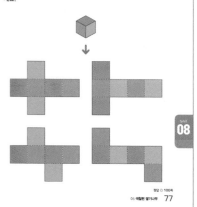

정답 ⊙ 100쪽

76 쌍기나무 퍼즐

08 색칠된 쌍기나무 77

Unit 08
02 색칠된 쌍기나무 ① | 문제 해결 |

다음과 같이 정육면체 모양으로 쌍기나무를 쌓고 바깥쪽 면에 색을 칠한 후 층별로 분리했습니다. 색칠된 면의 개수에 따른 쌍기나무의 개수를 각각 구해 보세요. (단, 바닥면도 칠합니다.)

한 면도 칠해지지 않은 쌍기나무:
정육면체 속에 놓인 보이지 않는 쌍기나무

한 면만 칠해진 쌍기나무: 각 면의 가운데 놓인 쌍기나무

두 면만 칠해진 쌍기나무: 각 모서리의 가운데 놓인 쌍기나무

세 면만 칠해진 쌍기나무: 각 꼭짓점에 놓인 쌍기나무

색칠된 면	없다	한 면	두 면	세 면
쌍기나무의 개수(개)	1	6	12	8

다음과 같이 정육면체 모양으로 쌍기나무를 쌓고 바깥쪽 면에 색을 칠했습니다. 한 면만 칠해진 쌍기나무의 개수는 모두 몇 개인지 구해 보세요. (단, 바닥면도 칠합니다.)

• 한 면만 칠해진 쌍기나무는 각 면에 4 개씩 있습니다.

• 정육면체의 면은 6 개입니다.

→ 쌍기나무의 개수: 4 × 6 = 24 (개)

정답 ⊙ 100쪽

78 쌍기나무 퍼즐

08 색칠된 쌍기나무 79

(03) Unit 08 색칠된 쌍기나무 ② | 문제 해결 |

쌍기나무 125개를 이용하여 정육면체 모양으로 쌓고 바깥쪽 면에 색을 칠했습니다. 물음에 답하세요. (단, 바닥면도 칠합니다.)

- 쌍기나무 125개를 이용하여 정육면체 모양으로 만들 때 한 모서리에 몇 개의 쌍기나무를 쌓아야 하는지 구해 보세요.
  5개

- 두 면만 칠해진 쌍기나무는 모두 몇 개인지 구해 보세요.
  $3 \times 12 = 36$ (개)

- 한 면도 칠해지지 않은 쌍기나무는 모두 몇 개인지 구해 보세요.
  $3 \times 3 \times 3 = 27$ (개)

- 한 면 이상 칠해진 쌍기나무는 모두 몇 개인지 구해 보세요.
  $125 - 27 = 98$ (개)

쌍기나무를 이용하여 정육면체 모양으로 쌓고 바깥쪽 면에 색을 칠했습니다. 두 면만 색이 칠해진 쌍기나무가 60개라고 할 때, 정육면체를 쌓는 데 필요한 전체 쌍기나무의 개수를 구해 보세요. (단, 바닥면도 칠합니다.)

- 두 면만 칠해진 쌍기나무는 정육면체의 [모서리]의 가운데에 있습니다.
- 정육면체의 모서리의 개수는 [12]개입니다.
- 쌍기나무로 쌓은 정육면체의 한 모서리에 두 면만 색이 칠해진 쌍기나무의 개수는 [60] ÷ [12] = [5](개)입니다.
- 쌍기나무로 쌓은 정육면체의 한 모서리에는 [5] + [2] = [7](개)의 쌍기나무가 있습니다.
  → 필요한 전체 쌍기나무의 개수:
  [7] × [7] × [7] = [343](개)

---

(04) Unit 08 색칠된 면의 개수 | 문제 해결 |

쌍기나무를 다음과 같이 쌓은 후 바닥면을 제외한 바깥쪽 면에 색을 칠했습니다. 색칠된 면의 개수는 모두 몇 개인지 구해 보세요.

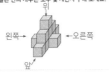

위
왼쪽 → ← 오른쪽
앞

- 색칠된 면의 개수는 앞, 뒤, 왼쪽, 오른쪽, 위에서 본 면의 개수의 [합] 와/과 같습니다.
- 각 방향에서 본 면의 개수는 다음과 같습니다.

방향	위	앞	뒤	왼쪽	오른쪽
면의 개수(개)	7	5	5	9	9

→ 색칠된 모든 면의 개수:
  $7 + 5 + 5 + 9 + 9 = 35$ (개)

안쌤 Tip
쌍기나무로 쌓은 모양의 경우 앞과 뒤, 오른쪽과 왼쪽, 위와 아래에서 본 모양이 서로 같습니다.

쌍기나무로 다음과 같은 모양을 쌓은 후 바깥쪽 면에 색을 칠했습니다. 색칠된 면의 개수는 모두 몇 개인지 구해 보세요. (단, 바닥면도 칠합니다.)

- 색칠된 면의 개수는 앞, 뒤, 왼쪽, 오른쪽, 위, 아래에서 본 면의 개수의 합과 같습니다.
- 각 방향에서 본 면의 개수는 다음과 같습니다.

방향	앞	뒤	왼쪽	오른쪽	위	아래
면의 개수(개)	16	16	16	16	49	49

→ 색칠된 모든 면의 개수:
  $16 + 16 + 16 + 16 + 49 + 49 = 162$ (개)

MEMO

좋은 책을 만드는 길
독자님과 함께하겠습니다.

도서나 동영상에 궁금한 점, 아쉬운 점, 만족스러운 점이
있으시다면 어떤 의견이라도 말씀해 주세요.
SD에듀는 독자님의 의견을 모아 더 좋은 책으로 보답하겠습니다.

www.sdedu.co.kr

안쌤의 사고력 수학 퍼즐 쌓기나무 퍼즐

초 판 발 행	2022년 12월 05일 (인쇄 2022년 10월 28일)
발 행 인	박영일
책 임 편 집	이해욱
저 자	안쌤 영재교육연구소
편 집 진 행	이미림 · 이여진 · 피수민
표지디자인	조혜령
편집디자인	최혜윤
발 행 처	(주)시대교육
공 급 처	(주)시대고시기획
출 판 등 록	제 10-1521호
주 소	서울시 마포구 큰우물로 75 [도화동 538 성지 B/D] 9F
전 화	1600-3600
팩 스	02-701-8823
홈 페 이 지	www.sdedu.co.kr
I S B N	979-11-383-3609-3 (63410)
정 가	12,000원